漫娱图书
SINCE OCEAN

口　　袋　　锦　　鲤　　系　　列

我 的 人 生 锦 鲤 书

应该
早早明白的
道理

嗨 迪 编著

长江出版社
CHANGJIANGPRESS

漫娱图书

HI~

送给自己的成年礼。

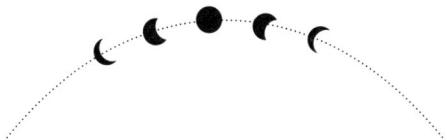

成长的路上，你一定也有过一些感到后悔的时刻。在犯过很多错之后，回过头来才会感慨：这些道理我早知道就好了！

　　本书选择了很多经久不衰的人生"哲理"，将它们用更加年轻、俏皮的方式，转化为生活中非常实用的小"道理"。读懂这些道理和背后深层次的原因，可以帮助你有效避免生活中可能遇到的很多难题。

　　其实，这本书的存在，就是为了给你的生活经验加一点小 buff（有增益效果的魔法）。

　　每翻过一页，你就能获得一条小小的人生道理；每读过一章，你的情商技能就增加一点。

　　期待看到全新的自己吗？那就一起来吧！

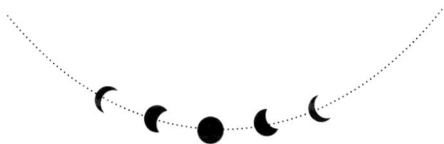

013 ▶ **发光吧，自己！**　Q　…

最新发布　热门

⊙ 接受自己是个普通人的设定

⊙ 并不会有人在意你的事情超过5分钟

⊙ 永远保留30%的神秘

⊙ 不要在悲伤的时候做决定

⊙ 有能力爱自己，有余力爱别人

⊙ 别用别人的评价来定义自己

⊙ 切忌失去才懂得珍惜

⊙ 不要浪费时间一再地向别人解释自己

⊙ 不要对过去的事情耿耿于怀

⊙ 不要因为走得太远而忘记为什么出发

⊙ 别人的事学会妥协，自己的事学会坚持

⊙ 很想达成的目标，就千万不要过早说出来

⊙ 陷入低谷期，并不一定是你做错了什么

⊙ 保持好奇，多接触新鲜事物

⊙ 对不知道的事，直接说"不知道"才是最轻松的

⊙ 保持思想独立，自己的事自己做决定

⊙ 任何时刻都要肯定自己

⊙ 理性做事，感性待人

⊙ 选择比努力更重要

⊙ 人生最怕失去的是对未来的希望

发布

向上吧，生活！

🔍 …

最新发布　热门

⊙ 你能在浪费时间中获得乐趣，就不是在浪费时间

⊙ 学会拒绝，你会过得轻松很多

⊙ 不要过度消耗自己

⊙ 切忌让自己陷入无意义的思想漩涡

⊙ 小事上别纠结，大事上多慎重

⊙ 不要总等一切都准备好才开始

⊙ 生活越紧张，越能显示人的生命力

⊙ 小钱不用省，大钱省不出

⊙ 学会放弃执念

⊙ 多看看外面的世界，你就不会陷在自我的小情绪里了

⊙ 经济独立是给自己安全感的前提

⊙ 不要生闲气

⊙ 生活的乐趣在于过程，而不是结果

⊙ 不要因为害怕浪费就勉强自己

⊙ 生活的智慧在于很多事最好不问为什么

⊙ 对自己不认可的东西，也应该给予尊重

⊙ "生活"是比"活着"有趣得多的一件事

⊙ 平淡是一种细水长流的浪漫

✎
发布

⊙ 陪伴让人心安，独处让人成长

⊙ 人生的选择还有很多，得不到的东西不必强求

接招吧，工作！

最新发布　热门

- ⊙ 如果一件事做完只需要不到5分钟，就立刻做完它
- ⊙ 能打字讲清楚的事情，就不要发语音消息
- ⊙ 一分审慎胜过万分机敏
- ⊙ 切忌逆反心理
- ⊙ 不要不懂装懂
- ⊙ 放过细节就是在为犯错埋伏笔
- ⊙ 认清自己的定位，做好分内的事
- ⊙ 遇到问题，多思考几种不同的解决方案
- ⊙ 切忌存走捷径之心
- ⊙ 面子只是小问题，成果才是硬道理
- ⊙ 及时反馈工作成果会让你更快地成长
- ⊙ 遇到挑战，要迎头直上
- ⊙ 解决问题比解释原因更有价值
- ⊙ 能做的事情做到最好，不能做的事情一定要学
- ⊙ 切忌为了感情放弃事业
- ⊙ 别等全会再做，边做边学
- ⊙ 同样的错误不要犯三次以上
- ⊙ 学习新的技能，任何时候都不晚
- ⊙ 不做伸手党
- ⊙ 提升认知比学技术重要

发布

139 ▶ 拜托了，情感！　🔍 …

最新发布　热门

- ⊙ 做个好孩子，不是乖孩子
- ⊙ 爱是双向经营，不是单向付出
- ⊙ 亲密关系里，最大的杀手是付出感
- ⊙ 不跟朋友的恋人走得太近
- ⊙ 倾听时的沉默，要比言语的安慰更能打动人心
- ⊙ 苦口婆心的大道理别说太多，点到为止
- ⊙ 不要在暴怒的时候回信息
- ⊙ 学会表达，不要让对方猜
- ⊙ 不要把别人对自己的好当作理所当然
- ⊙ 要相信你的直觉
- ⊙ 跟父母沟通，态度比内容更重要
- ⊙ 感情中最重要的是感受，而不是道理
- ⊙ 越想跟对方亲密无间，反而越要建立个人边界
- ⊙ 陪伴是维系一段感情的决定性因素
- ⊙ 能说出来的就不要冷战，能吵一架的就不要提分手
- ⊙ 不要试图说服父母，最好的做法是求同"藏"异
- ⊙ 尽量做到有效关心
- ⊙ 距离产生美，但不要太远
- ⊙ 任何感情都需要经营
- ⊙ 谈恋爱可以"作"，但要点到为止

✎ 发布

最新发布　热门

- 如果发现自己被人讨厌的话，

  就把「发现自己被人讨厌」这件事忘记

- 避免不必要的社交

- 有些话不知道该不该说的时候，就别说

- 多顾及别人的感受，少在意别人的看法

- 不要占别人的小便宜，不要在意别人占你的小便宜

- 人有很多不同的想法，不要尝试着去改变别人

- 对玩笑，要承受得起却不乱开

- 不要对别人的生活指手画脚

- 切莫交浅言深

- 取悦不熟悉的人，不如对已经拥有的人尽力好

- 你永远叫不醒一个装睡的人

- 用你希望别人对待你的方式去对待别人

- 用钱可以解决的事，最好不要求人

- 付出都是希望得到回报的，哪怕是语言上的

- 尴尬的时候保持微笑

- 距离产生美，至少可以减少摩擦

- 你说什么样的话，就会变成什么样的人

- 不在人后说坏话，即使是私有空间

- 不要拿别人的隐私当作谈资

- 和不同的人交往要求同存异

- 永远不要考验人性，但是要对人性充满信心

接受自己是个普通人的设定

What You Should Have Understood Earlier In Life

小时候我们都觉得自己能拯救世界，相信猫头鹰一定会送来霍格沃茨的录取通知书。后来才发现，国内猫头鹰都是二级保护动物，送信之前还要先去林业局办理饲养许可证。

能不能拯救世界不知道，能拯救自己一地鸡毛的生活就已经是谢天谢地了。

没走出大学校门的时候，医学生拼命跟一人高的课本博弈，警校学生都揣着一颗刑侦专家的心，法学生都相信自己能混成"何以琛"……多年以后大家殊途同归，各自跟老旧的 XP 系统电脑、三天两头卡纸的打印机、难

缠的上司斗智斗勇，不得不面对残酷的现实。

但是平凡不等于平庸，从云端落回地面也只是脚踏实地重新起航。你会发现，楼下花圃里的杜鹃花并不是什么昂贵品种，小区里蹭你裤腿的田园猫也算不上血统名贵。同样的，我们也并不是高高在上。

但是只要坚定地做正确的事，总会在某个地方留下一抹亮色。

并不会有人
在意你的事情超过 5 分钟

What You Should Have Understood Earlier In Life

别自作多情了，其实没有人那么在乎你。

我们有时候会像猫一样，有很重的心理包袱，到手的老鼠跑了会假装自己在玩尾巴，不小心摔倒会顺势在地上打几个滚，用闪躲的眼神实力演绎什么是欲盖弥彰。

有时候，我们停止了脚步，是因为害怕被人不认可，而不是真的想放弃。有时候畏缩或害怕，是因为他人的眼光，而并非自己真实的

内心感受。

但其实，在意别人的眼光，根本没必要。

以现在人均记忆不足七秒的现实来看，谁会在意你生活中一点微不足道的小小失误呢？当生活中出现一些小磕碰的时候，给自己五分钟时间调节一下心情，然后和别人一起忘了这件事吧！

永远保留 **30%** 的神秘

每逢重大电影上映，剧透党和反剧透党能在网上掐出一场世界大战。

为什么我们讨厌被剧透，因为剧透会透支电影的神秘感，让我们失去了期待和惊喜。

电影如此，人也是一样的。

未知 = 吸引力。

不要在一开始把自己 100% 的展示给别人看，永远保持一部分的神秘感，这样在其他人

眼里总是可以看到意想不到的你，你不一定是最完美的，但可以是最让人期待的。

怎样才能永远保持 30% 的神秘感呢？答案很简单：向上吧，少年！

我们应该让自己不断学习和进步，才能创造出新的令人期待的自己。

不要在悲伤的时候做决定

　　情绪与感知分别是两个不同波段的信号接收器，它们经常会相互干扰。

　　我们或许都有过这种体验，情绪紧张时闻到食物的香气都会觉得厌烦，难过的时候喝奶茶都是苦的……食物本身并没有发生变化，但是我们的感受器接收了不同的信号。

　　悲伤是一个超强干扰源，会让我们的感知和实际情况出现巨大的偏差，导致容易做出不太正常的决定。比如有人伤心之下将多年的储蓄

从房顶上一撒而下，等打起精神重新面对生活的时候，那些钱财已经找不回来了……

如果有事关人生方向的重大决定要做，不妨稍微等等，以免"悲伤"的磁暴干扰你的指南针。

有能力爱自己，有余力爱别人

What You Should Have Understood Earlier In Life

太执着于对别人好，容易让我们迷失自己。

我们应该早早就明白的一个道理是，越是无条件地爱对方，自己就越可能被无视。如果我们爱一个人爱到尘埃里，有谁会来爱作为尘埃的你？

一味地牺牲和付出只会让爱变得毫无意义。

当一个人没有能力爱自己的时候，只能把生命的重量依附在别人身上，最后双方都无法承受其重而分道扬镳。

恋爱不是血祭，不需要那么苦大仇深。

先学会平和地爱自己，善待自己，提升自己的生活品质，让自己足够强大，不畏过去不惧将来，再好好地去爱别人。

别用别人的评价来定义自己

What You Should Have Understood Earlier In Life

请用三分钟时间评价一位你最喜欢的人。

请用三分钟时间评价一位你最讨厌的人。

请用三分钟时间评价一位你并不太熟悉的普通熟人。

现在开始思考一下，你的评价真的有价值吗？你可以确信自己对他们没有误判吗？

答案显然是，不能。

那么别人对你的评价也是如此。

我们经常听到有人说粉丝对爱豆滤镜太重，

其实这种滤镜并不只存在于追星党中间。在滤镜的加持下，一个朋友和一个你不太喜欢的人即使做了同样的事，也会得到截然不同的评价。

人的认知能力总是有局限的，我们甚至自己都不能看清自己的每一面。所以不要随便把定义自己的权力交给别人，唯一有权对你下定义的只有你自己。

切忌失去才懂得珍惜

What You Should Have Understood Earlier In Life

我们珍惜一个东西，往往不是因为它好，而是因为它不容易得到。比如抢不到的限量款，买不到的绝版书，追不到的偶像……

因为得不到，所以成了掌心的朱砂痣、心中的白月光，但真拿到手也就那么回事，很快就会失去了对它的热情，然后追逐下一个白月光。

"得不到"会放大心中的渴望。比如我们从来不会觉得长了两只手是了不起的一件事，因为人人都长了两只手，但万一哪天少了一只，才

会发现这只手以前帮了自己多大的忙。

人在拥有时，总是对那些幸福习以为常，视它们为理所当然，却没有意识到它们有一天也会离你而去。

其实没有什么是最好的，你所拥有的才是最好的。

不要浪费时间
一再地向别人 解释 自己

What You Should Have Understood Earlier In Life

"我真的不在意别人怎么看我，但是……"

渴望认同是一种本能，使我们一遍又一遍试图向别人剖白自己的内心。但是与之对应的另一种本能是，人们很少关心自己以外的事情。

我们每个人就像是游戏里的NPC（Non-Player Character，指游戏中的非玩家角色），在 NPC 的生活圈以外都是玩家。玩家只关心自己的级别和装备，并不关心 NPC 的生活和思想。

想懂你的人自然会花时间来了解你，不想懂你的人就算解释一千遍，他也未必会放在心上。

过好自己的生活，不需要向别人解释太多。

不要对过去的事情耿耿于怀

What You Should Have Understood Earlier In Life

吵完架回家后，总觉得自己没发挥好？

聚会以后反复回想，总觉得自己说错话了？

项目总是在一切尘埃落定之后才想出更好的解决方案？

其实这种落空了的大招不必放在心上，谁打游戏的时候还没按错过两个键呢？

要是时刻惦记着过去的事，免不了影响当下的发挥。对过去耿耿于怀，除了影响你现在的

心情，让你手抖之下再多按错两个键之外，什么用都没有。

如果已经无法挽回，就让过去的事情过去吧，学会吸取教训，并往前看。

不要因为走得太远
而忘记为什么出发

What You Should Have Understood Earlier In Life

你有没有过这种经历：因为想买个小东西而打开了某宝，然后很快沉浸在购物的海洋里，逐渐偏离最初的目标，最后买了一大堆东西，却发现真正想要的根本没有买！

记忆就是这么靠不住，不过短短几分钟，繁杂的界面和多样化的选择就让人迷失了方向。

我们的一生要比这几分钟长得多，遇到的诱惑和选择也要多得多。

你还记得当初为什么下定决心减肥吗？

你还记得当初为什么决定锻炼身体吗？

你还记得当初为什么决定要好好珍惜身边的人吗？

……

不要让自己的初心迷失在忙碌的生活里，要记得自己为什么出发。

别人的事学会妥协
自己的事学会坚持

What You Should Have Understood Earlier In Life

对别人的事情学会妥协是及时止损。

很多时候跟别人的生活死磕，除了浪费时间没有其他的意义，我们迟早要学会原谅生活中的摩擦、纠纷、不如意等。你无法改变客观存在，让世界按照使你舒适的方式运转，只好学会妥协，不把时间花费在无意义的事情上面。

别人的生活永远只是别人的生活，而你能决定和坚持的只有你自己，无论别人怎么看你、怎

么认为你，坚持自己的节奏，保持自己的步调，做自己喜欢的事。

对别人的事保持"爱谁谁，不关我的事"的豁达态度，让自己时刻保持轻松快乐的心态，去坚持做一个更好的自己。

很想达成的目标，
就千万不要过早说出来

What You Should Have Understood Earlier In Life

我们通常有这种经验，一开始就向全世界宣布自己要考研，每买一本参考书都要跟别人吹嘘半天的同学通常是考不上的；而考上的那部分同学里，有一大半你甚至不知道他们是什么时候开始准备的。

这就是典型的"闷声发大财"，此定理放之生物圈皆准。

在各种地形里潜行，恐怕是食肉动物们的必修科目之一，你肯定从来没见过哪头狮子抓羚羊

之前还要敲锣打鼓放鞭炮的。

把自己的目标过早说出来还有一个误区，容易让大脑误以为自己已经努力过了，从而更容易放弃。

所以，**如果你真的想要达成什么目标，请直接行动！**在此之前所有的夸耀、讨论都是没有价值的。

陷入低谷期，
并不一定是你做错了什么

What You Should Have Understood Earlier In Life

　　减过肥的人都经历过，刚开始几天会效果显著，然后很快就会进入瓶颈期，无论是节食还是加大运动量，体重依然像吃了秤砣一样稳如泰山。

　　减肥的瓶颈期是身体自我调节的结果，并不是减肥者自身的错。只要你运动量没有减少，也没有偷吃火锅、奶茶、肥宅快乐水，就完全不必焦虑。保持节奏，瓶颈期很快就会过去的。

　　面对人生的低谷，其实也是一样的道理，人生路上的瓶颈期无处不在，我们经常称之为"水逆"，这种时候，没有必要过度责怪自己，或者一蹶不振、灰心丧气。

　　不必太把它当一回事，保持当下的心态不要崩，低谷期总会过去的。

保持好奇，多接触新鲜事物

What You Should Have Understood Earlier In Life

道格拉斯·亚当斯的《科技三定律》：

1. 任何在我出生时已经有的科技都是稀松平常的世界原秩序的一部分；

2. 任何在我 15-35 岁之间诞生的科技都将会是改变世界的革命性产物；

3. 任何在我 35 岁以后诞生的科技都是违反自然规律、要遭受惩罚的。

科技正在飞速发展，每天都有人被它抛在身

后，2010 年以后出生的人已经开始踏上历史舞台并且学会刷抖音、快手了。

希望我们对事物的好奇心保持得再长一些，探索这个世界再久一些，那个接受不了新鲜事物的年龄节点来得再晚一些。

对不知道的事，
直接说 "不知道" 才是最轻松的

What You Should Have Understood Earlier In Life

> 为什么无论网友问什么问题
> @博物杂志 都能回答出来？

> 挑自己会的回答。

　　没有谁天生就是本百科全书，对于不知道的事情，不必为难自己，坦诚自己也会有知识盲区，然后去学习就可以了。**为了一时的面子装作什么都会，最后只会让自己越来越疲惫。**

　　毕竟人生不是考场。

　　不会做的题，空着就好了！

保持**思想独立**，
自己的事自己做决定

What You Should Have Understood Earlier In Life

现在在网上吃个瓜，一天之内吃瓜的速度可能都赶不上反转的速度。

在这个信息狂轰滥炸的时代，要是隔壁老王神秘兮兮地跟人说家门口那条臭水沟里有水怪，大家肯定觉得他没睡醒；但搁到网上，"SB250病毒肆虐"之类的谣言都能广泛传播。

人们在爆炸式的信息流当中很容易丧失思考的能力，变成一个被信息所左右的木偶。因此在

这个时代，保持独立的思想更加难能可贵。

不要让那些浮夸的资讯左右我们的思考能力，学会辨别是非、不盲目轻信，拒绝让那些真假难辨的碎片信息流来引导我们生活的方向。

任何时刻都要肯定自己

What You Should Have Understood Earlier In Life

"每天起床第一句，先给自己打个气！"

这个世界，有太多责备的声音，就算网上随便发表点言论，下面都可能会跑来一群杠精，对你的生活指指点点。

如果不学会肯定自己，可能每天都会活在怀疑自己、怀疑人生、怀疑世界的负面情绪里，影响到自己本来很好的生活。

加油

　　不管别人怎么评价，先肯定自己。如果屋子里没有阳光，就要学会自己给自己拉窗帘呀。

　　如果还有余力，也给身边的人一些肯定吧。

理性做事，感性待人

What You Should Have Understood Earlier In Life

> "让人类永远保持理智，果然是一种奢求。"
>
> —— 莫斯

对人类来说，一直保持理智是一件很难的事情。

如果我们的理性注定是有限的，更加要合理分配它们，把它们更多地用在做事上，避免因为感性而影响对事物的主观判断。

　　把你的感性更多地留在与人交往中，给予朋友关怀和陪伴，比分析一大通道理要有效得多。如果你的朋友向你诉苦，他想知道的可不是这件事为什么会发展成现在这样的数据分析。

　　而是一句"我懂你，你真的太难了"。

选择比努力更重要

What You Should Have Understood Earlier In Life

没有找对方向的努力，不过是一剂自我安慰的药，只是看起来很忙碌，却没有任何效果。

人生中错误的选择就好比用错误的公式计算一道数学题，永远也解不出正确的答案。

虽然人生并不像数学定理一样严苛，但在努力之前先想办法提高你所努力的方向的成功概率，选择最适合的方向和方法更加重要。不要以

盲目冒险为荣，也不要以自己的运气作为赌注，一定要做好充足的准备。

不是所有的努力都是有效努力，**选择适合自己的路，努力就会很快见到回报**。不考虑人生方向，所谓的努力就只是缘木求鱼。

人生最怕失去的是对未来的希望

What You Should Have Understood Earlier In Life

为什么童话故事总是终结于正义打败邪恶、王子和公主幸福地生活在一起呢？因为再往下讲，读者就会发现，屠龙少年最终变成了新的恶龙，仗剑天涯的侠客变成了故步自封的长老，公主也开始在家暴躁地辅导孩子写作业……

我们年轻的时候从来不觉得自己的幻想、单纯、孤勇都是宝贵的财富，等到变成无趣的大人，才忽然发现，那些我们曾经努力摆脱的、不成熟的梦想自有其珍贵之处。

我们拥有的东西越来越多，对未来的期待就

越来越少，因为我们已经了解了自己今天、明天、后天、大后天都会是什么样的。生活像是一匹逐渐褪色的布，从前的异想天开都会消失。

是对未来的希望，让曾经的我们闪闪发光。

其实，长大后的自己，只要也为明天留一份期待，保有对未来的希望，屠龙少年就永远不死。

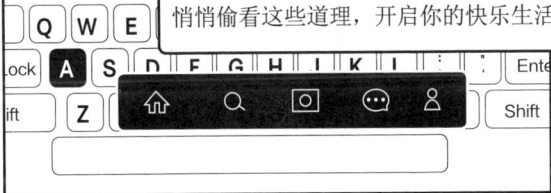

你能在浪费时间中获得乐趣，就不是在浪费时间

What You Should Have Understood Earlier In Life

全世界的老师都有同款口头禅——"你一个人耽误一分钟，全班四十个同学就是四十分钟。"

但事实上，时间的河流只会匀速向前流动，不能叠加，也不会分摊。你浪费的时间不会耽误到其他人，你获得的快乐也没有人可以偷走。

人生路很长，但时间也很有限，要把时间留给那些让自己快乐的事情。

　　有人觉得金钱名利重要，有人想要核心期刊、高分论文……这些追求本质上与下午的阳光、风中的青草香没有任何区别，只要在度过此刻时，你是快乐的，那么时间便不算虚度。

学会**拒绝**，你会过得轻松很多

What You Should Have Understood Earlier In Life

在医院打吊针，只要护士的手越快，疼痛感就追不上你。

拒绝别人也是如此，不愿意做的事情最好第一次就拒绝，切忌钝刀子磨人！不情不愿、敷衍拖延，事情还是要做，甚至可能做完还会受到怨怼。

有时候你会发现一个很奇怪的现象：如果一个好人做了一件坏事，那他就变成了大家眼里的坏人；但一个坏人做了一件好事，大家就会选择性遗忘他以前做过的坏事。

因此，千万不要想做那个有求必应的好人，一

次拒绝就会抹掉前面九十九次的功劳，还会带来其他纠纷——同样的事为什么你帮他却不帮我？你这次拒绝我是不是因为想从我身上捞好处？

盲目给予不是善良，是怂。

助人为乐是一件好事，但一定要合理评估别人的事与自己的事所占的时间比重，要有自己的底线。学会拒绝，很多事都会迎刃而解。

不要过度消耗自己

What You Should Have Understood Earlier In Life

　　人类从某种意义上说就是多巴胺的奴隶，累死累活地追求买房买车、功成名就，大脑才会吝啬地分泌一点带来快乐的化学物质。

　　人会因为这些化学物质的作用，从内心到生理上都感到无比快乐。因为这种感受太稀有，免不了有人试图跳过前面漫长升级打怪的步骤，用一些极端的方式来追求这种快乐，他们到处寻找刺激，从熬夜爆肝到极限运动。

　　大部分诈骗多巴胺的行为都像是打游戏开了外挂，这种捷径带来关于快乐的幻影，同时也

飞快地摧毁一个人的正常生活，这是对生命的透支和消耗。欠钱要还，借贷来的快乐也要还，并且连本带利式的偿还会让人加倍痛苦。

避免这种毫无意义的透支消耗，好好经营自己的人生，才会获得持久而纯粹的快乐。

切忌让自己陷入
无意义的思想漩涡

What You Should Have Understood Earlier In Life

　　一个人如果什么都不做地躺在沙发上，本来没有什么事，躺着躺着大脑里就会慢慢冒出许多念头——

　　"我这些年都忙了些什么？"

　　"我现在做的事情真的有意义吗？"

　　"她／他真的爱我吗？"

　　大片的空白时间只会使我们变成思维囚徒，此时大脑的理智停止工作，放任碎片化的思绪乱窜，产生又迅速湮灭，没有任何价值，但带来的

思想垃圾却会反复折磨你。

其实想要填补这些空白的时间，不如尝试做一些平时想做又没时间做的事情，看电影、做手工啊都可以。

你会发现，期待才是最美好的时刻，真的放任自我无所事事的话，反而会空虚又焦虑。

小事上别纠结，大事上多慎重

What You Should Have Understood Earlier In Life

许多"选择障碍症患者"本身，其实是隐形完美主义者，总是担心当下的决策不是最优选择：害怕选了蓝色却发现粉色更合适；担心蟹粉小笼包比麻辣烫更好吃；担心上司更喜欢方案 A 而不是方案 B……

过度追求完美，会消耗你的精力。

到了真正应该慎重的大事情上，反而没有纠结的力气了，最终一失足成千古恨，墨菲定

律缠上身。

慎重是没有错的，但是在陷入纠结之前，不如先进行前置判断：

这件事值得花这么多时间纠结吗？

纠结的几个选择，结果有多大的差别？

你曾经为同样的事纠结过吗？

回答了这几个问题，答案也一目了然。

不要总等一切都准备好才开始

What You Should Have Understood Earlier In Life

当代青年复习考试——

第①步：买书。

第②步：打开网页，搜索 XX 考试有没有推荐软件，阅读并选择性下载。

第③步：逐渐跑题，点开《考研期间提升幸福感的好物种草》《会计资格考试必须知道的三件事》《那些年四六级考试的神翻译》……

第④步：不自觉点开知乎、微博、QQ……

复习结束。至于看书，什么看书？

这种复习考试的习惯持续到生活中，就是要做什么事之前都会先点开微博看看新闻；好不容易开始了，忽然觉得需要泡一杯红茶；发现茶包剩得不多，转而点开淘宝……一套准备工作下来，已经快中午了，拖延症就是这么养成的。

其实很多繁琐的前期准备除了拖慢进度以外没有任何价值，要学会精简自己的流程，**先行动起来，再优化步骤，一切都来得及。**

生活越紧张，
越能显示人的生命力

What You Should Have Understood Earlier In Life

工作量是海绵里的水，只要愿意挤，总是会有的。刚开始上班的时候，两个简单的表格都要做到地老天荒，但经过一段时间社会的磨练，很容易就能做到左手电话跟客户沟通，右手改表格，挂了电话还能无缝对接同事的工作讨论。

不要小看自己的潜能。

野草的生命力总是显得比菜园里种的菜要强，那是因为野草的容错率更低，不会一不小心

就死掉。

事实上，多数人总是要努力从石缝里活下去的，严苛的条件是一种打磨，它使我们一刻都不能松懈，但也使我们能更多地锻炼自己的能力，成就更好的自己。

为喜欢的东西花钱，
多贵都**值得**

What You Should Have Understood Earlier In Life

如果你真的喜欢一件东西却没有买，多年后最可能发生的情况有两种：

1. 你花更高的价格去买了它。

2. 花更高的价格也买不到它。

时间把它从"我喜欢的东西"，升级成了"我喜欢却没有得到的东西"，时时刻刻抓挠着你的心。所以看见喜欢的东西果断出手才是

最合算的。

挣钱的目的就是把它们花掉。

买自己喜欢的东西，这笔钱就实现了它的"钱生价值"，而你也获得了快乐和满足，何乐而不为。

学会放弃执念

What You Should Have Understood Earlier In Life

　　小时候读过的鸡汤文总是强调坚持，仿佛"坚持＋努力"就无坚不摧，什么事都可以办成，但成年人的世界跟鸡汤文的世界并不互通，我们逐渐认识到，有很多事不会就是不会——像高数，又像爱情。

　　我们经常会给自己的执念加上层层叠叠的滤镜，并且不按客观规律办事，撞得头破血流还要

告诉自己这是执着。

抓着执念硬要坚持，容易受到生活的毒打。

有很多执念只适合做成标本珍藏进记忆里，时不时翻一翻；而不适合一头扎进去，成不成心态都会崩，不利于我们扮演一个情绪稳定的中年人。

多看看外面的世界，
你就不会陷在自我的小情绪里了

What You Should Have Understood Earlier In Life

小时候总觉得一次考试不及格就是世界末日了，再大一些也许会烦恼方便面里的卡片集不齐，再后来开始操心家长不让看的电视剧到底结局怎么样了。

现在回头看这些烦恼，会觉得幼稚得可爱。当年用拙劣的笔迹试图涂改试卷分数的小朋友，现在已经可以面不改色地面对假期寄回家的补考通知书了。

但是我们又陷入了另一些麻烦，比如拿到学位证，比如找工作，比如如何养活自己……

　　随着眼界提升，一些烦恼随风而去，另一些就又滋生出来，只要我们还没有看破红尘，立地成佛，这些烦恼就会如影随形、永不止息。

　　但是过去的经验至少告诉我们一件事：你需要多和世界进行深刻而广泛的接触。**只要你的眼界跑得比问题快，那么问题就不会使你烦恼了。**

经济独立是给自己安全感的前提

What You Should Have Understood Earlier In Life

　　马斯洛需求层次理论对人的需求进行了这样的排序：生理需求、安全需求、社交需求、尊重需求和自我实现需求。

　　我们只有在实现较低层次的需求之后，才会追求更高层次的需求。所以说，如果我们想要获得安全感，那么我们首先要解决自己的生理和安全需求。

　　而这一切只能建立在自己经济独立的基础之上。

　　朋友可能会渐行渐远；伴侣可能会反目成仇；父母总有一天会老去……靠山山倒，靠人人跑。但是如果你手里有钱，街上的旅馆总是会开门，"饿了么"不会一夜倒闭，优衣库每年都会出新款……

只要经济独立了，你的前两个层次的需求总是可以满足，人生就不会失去方向一滑到底，你依然有底气追求自己的幸福。

当你的生活不再因为某个人的抽身离去而倾塌，你就能给自己安全感。

不要生闲气

What You Should Have Understood Earlier In Life

根据网友不负责任的统计，《大悲咒》或将成为当代"佛系"青年歌单常备曲目之一，与之配套使用的还有"道系"青年的《莫生气》。这两套组合拳下来，能浇灭日常生活中百分之九十的怒火，一遍不够请念两遍。

当然，有的愤怒属于不能解决的。比如幼师面对一屋子小朋友哭出的高低大合唱；警察叔叔接到报警被要求满村抓鸡撵鸭；设计师遇上审美极差又不讲道理的甲方……

针对这种情况，建议眼不见心不烦，最后看一眼工资余额迎头直上。

实在不行，买杯加料奶茶快乐一下，想想未来和远方，也比生闲气划得来。

生活的**乐趣**在于过程，
而不是结果

What You Should Have Understood Earlier In Life

工作的乐趣在于结果；

生活的乐趣在于过程。

只有未知且富有变化的东西才会带来乐趣，带给我们探索的欲望和热情，就像列车窗外一闪而过的别样风景，我们永远也不知道下一道风景会在哪里。

生活中的我们完全不必过于着急，没有谁规定什么年纪应该做什么事，只要你过得有乐趣，这些统统不用放在心上。

慢慢来就是了，重要的是享受过程中的愉悦感。

不要因为害怕浪费就勉强自己

What You Should Have Understood Earlier In Life

　　讲一个陈年老笑话：勤俭节约的甲某有一包感冒药即将过期，为了避免浪费，他尝试了多种感冒方法，比如冷水洗澡和半夜吹风，终于成功患上肺炎。

　　虽然抠门成这样实属罕见，但我们在生活中做的很多事本质上与这个笑话没有太大区别，比如一边消灭过量食物，一边痛苦减肥；赶在优惠券过期之前买了一大堆占地方又没用的商品；看

见"打折"两个字就逐渐丧失理智。

我们常常因为害怕浪费而勉强自己，但这本身就是一种更大的浪费，它使我们付出包括但不限于金钱、时间、健康等各类成本。

合理评估自己的承受力，不要因为害怕浪费而勉强自己。

生活的智慧在于很多事
最好 **不问** 为什么

What You Should Have Understood Earlier In Life

很多家长都很怕小朋友问为什么，比如为什么会被毛衣的电火花电着了手，因为你很难立马从头解释清楚什么叫摩擦起电。

但如果你用这样的问题问小朋友，就会得到"因为你穿的是毛衣啊，你穿衬衣就不会了"这样的回答。乍一听还觉得很有道理没有毛病，生活中很多问题都是这样的，不深究的话其实道理很简单，但是大人往往会想得很复杂。

　　如果有的事你并不是很关心或者并不能完全理解，那么不妨放过自己也放过回答问题的人，这样大家都能保持基本的生活愉悦感。

　　因为生活中的大多数问题，就算问清楚了也没有作用。

对自己不认可的东西，
也应该给予尊重

What You Should Have Understood Earlier In Life

怎样一句话激怒小众爱好者——

"这条小裙子看起来真的好像胖蛋糕。"

"你穿的是韩服还是和服？看起来超丑。"

"打游戏能有什么出息？"

"这塑料小人怎么那么贵？傻子才买。"

遇见这种人，建议直接丢进有害垃圾桶。

人的视角有限，不能看透整个世界，所以也不一定能理解所有人的爱好。

当然可以持保留意见，但是出言诋毁别人的爱好，就是对喜欢这些东西的人的不尊重。

不要试图把自己不理解的东西放在地上踩，贬低别人只会暴露自己的见识浅薄与心胸狭隘。

就像你可以说某些视频平台的热度算法和推荐模式掩埋了许多有素质有内容的东西，但是你不能说用 XX 软件的都是傻子，这种态度不利于交流和改进。

"生活"是比"活着"有趣得多的一件事

What You Should Have Understood Earlier In Life

日常加班到半夜十二点、第二天还要坚持上班的生活还算生活吗？

如果生活只剩下机械性的劳动，一点幸福的体验感都没有，那还算是生活吗？只能算是活着罢了。

生活不同于活着。

《现代汉语词典》对"生"的释义为：一切可以发育的物体在一定条件下具有了最初的体积和重量，并能发展长大。

如果失去了发展的机会，那就不算生活。

在生活中我们可以察觉万物的生长和发展，比如自己又学会了新技能，游戏又赢了几次，花瓶里的绿萝又长了二十厘米……

无数变化凑在一起，才算是生活。这些变化，让生活比单纯的"活着"要有趣得多。

平淡是一种细水长流的浪漫

What You Should Have Understood Earlier In Life

小时候我们都希望生活像过山车一样充满刺激和转折，希望自己能像言情主角一样拥有别样的爱情故事。

没事都想要"作"点事情出来。

等到长大后才发现家人能够无病无灾健健康康、爱情能够平平淡淡细水长流才是最难得的幸福。

比起那些在女生宿舍楼下点蜡烛摆爱心的浪漫，吃西瓜的时候愿意让出中间最甜的那一口，有

家务时会主动过来帮忙显得更加贴心。

精美的礼物总有一天会被人遗忘，每日的关心和呵护才是实实在在的爱意。

陪伴让人心安，独处让人成长

大学校园里的猫总是肩并肩窝在一起像是一群小猪。因为学校人口密集，总有人定期给这群小家伙上供猫粮和罐头，它们就心安理得地吃吃睡睡。只有寒假没人喂了，这群"猪"才会又进化成猫，自己捕食来果腹。

人和猫一样，会下意识地想要人陪，因为在群体中可以获得心理上的安全感——这个问题即使我解决不了也会有其他人解决，不会出什么大娄子。

这种环境同时也会滋生惰性。

有人陪伴自然可以安心，但陪伴你的人总有一天会离开你的。

不必惧怕独处，硬着头皮往前冲，变成一个更加自立、强大的人。

剥离群体光环，你会强大到让自己惊讶。

人生的选择还有很多，
得不到的东西不必强求

What You Should Have Understood Earlier In Life

追不到易烊千玺不要紧，你会发现还有白敬亭、肖战、王一博、胡歌、吴磊……你也追不到。

说来也许有人不信，人生的幸福感有一半来源于遗憾。

叔本华钟摆理论认为，人生就是在欲望和空虚之间左右摇摆。欲望得不到满足会带来痛苦，欲望满足之后又觉得空虚。欲望不断产生又消灭，在钟摆起伏的瞬间，人才能得到短暂的幸福。

学会与这些缺憾和平共处，可以让你的生活达到一个很好的平衡，也就是所谓幸福的状态。

与其执着于得不到的，不如调转目光关注一下其他的人和事，保持豁达而开放的心态。世界这么大，总有其他选择。

如果一件事做完只需要不到5分钟，就立刻做完它

What You Should Have Understood Earlier In Life

"唤醒我的是梦想吗？是爱吗？不，是截止时间。"

拖延症或为当代沉疴之一。

电影里的主角总是最后一刻才会剪断炸弹的引线，普通年轻人的生活没有那么刺激，但这并不妨碍他们把任何事情都玩成拆弹游戏——这些操作包括但不限于"交作业前一个钟头疯狂赶工""答辩日躲在教室最后一排做PPT""在老

板上飞机前交项目方案"，刺激是够刺激，但是一不小心翻车也会很尴尬。

克服拖延症是一场旷日持久的战役，不妨从耗时不到 5 分钟的小事做起。看到这类事情，请立刻动手！

5 分钟，只要 5 分钟，即可改变拖延，拯救自己。

能**打字**讲清楚的事情，
就不要发**语音**消息

What You Should Have Understood Earlier In Life

在没有电话只能发电报的年代，大家相互传讯都十分简洁。发一条电报前通常会多次斟酌，能少发一个字就少发一个字，因为电报是按字收费的。

如今运营商当然不会在微信上跟人按字收费，发消息的主要成本就变成了打字花费的时间成本，进一步降低这种时间成本的方法是发语音。

但需要注意的是，消息传递越便捷，我们离简练高效就越远，塞进句子里的冗余信息就越多。

发语音并不是通讯方式的进化，只是时间

不想听

成本的转移，同样字节大小的信息，用眼睛读取的速度和用耳朵读取的速度是截然不同的。更不要说对方手忙脚乱地找耳机所耗费的时间成本了，在工作中不给别人添麻烦是一种美德。

一分审慎胜过万分机敏

问：怎样在电视剧里活过三十集，靠机智吗？

答：不，不要作死，没有主角光环的人越聪明死得越快。离主角远一点，注意身边的风吹草动和异常物品摆放。

上兵伐谋，下兵伐战。等事情发作再找机会弥补，不如从一开始就把风险扼杀在摇篮里。一个打碎之后再修补起来的瓷器，无论修补技艺

多么高超，都不如一开始就小心一些不要打碎。

在工作中也是如此，救场再灵活也总有翻车的时候。养成良好的工作习惯，慎重对待工作内容，做办公室里错误率最低的人。

切忌逆反心理

What You Should Have Understood Earlier In Life

现在的年轻人在生活里总是很叛逆，他们给朋克养生细分了诸多类目，比如保温杯里泡枸杞，一边熬夜一边敷面膜，一边泡脚一边打游戏……

在生活里这么干无非就是掉些头发，换到工作上还叛逆，那就真的是作死。

初入职场，最重要的是积累经验，提高自己的工作能力。把时间和精力花在叛逆和唱反调上，非但不能给别人什么影响，反而浪费自己的时间和资源，得不偿失。

没有什么工作是完美无瑕的，无论在哪里都会遇到不顺心的事，如果不是真的不想干了，请把自己叛逆的小情绪收起来，脚踏实地地做好自己应该做的事。

遇到问题，解决问题，提高自己的能力。

NO ZUO NO DIE

不要不懂装懂

What You Should Have Understood Earlier In Life

　　职场简直就是一个大型《以一敌百》的智力对抗现场，要一边应付客户的连环追问，一边应付老板的奇思妙想，还要时不时跟同事拼一下情商，简直就是都市版《荒野求生》。

　　在这种密集的考验之下，难免会暴露出自己的一些短板。但是没有人是全知全能的，即使睿智如夏洛克·福尔摩斯，也有不太擅长的天文学。

到处都是
知识盲区……

作为普通人的你，在工作过程中有什么不会的事情简直是再正常不过了，完全不必担心会因此丢面子。反而是遇到不会的东西，对自己的无知遮遮掩掩，甚至不懂装懂，就会很容易引起"翻车"事故，十分得不偿失。

放过**细节**就是在为犯错埋伏笔

What You Should Have Understood Earlier In Life

职场很忌讳"草盛豆苗稀"式的粗放工作方式，如果你不是真的打算收拾东西归隐田园，那么最好不要尝试做一个"差不多先生"。

因为，**你很难想象每个被忽视的细节都会造成什么后果。**

比如用自己的笔记本电脑连上投影的时候还开着百度云，恰好下载列表又不是那么适合给人看见；又比如报销单上贴错了商品购买记录截图，

又恰好商品比较隐私……这些时候你就可以观察到你们公司流言蜚语的传播速度会有多快了。

细节决定成败，也决定你上班的时候需不需要戴个口罩，还决定你的工资、奖金和提成。所以，不要放过任何一个细节，如果你不能猜出这个炸弹将如何被引爆的话。

认清自己的**定位**，
做好分内的事

What You Should Have Understood Earlier In Life

在职场上，做事之前提前想清楚人生三问——"我是谁？我在哪？我在做什么？"

搞清楚自己的定位也有助于理清自己的工作，不分轻重地闷头干活，很容易一脚踩了别人的地盘，自己的责任田却一片荒芜。

比如做秘书，就要时刻注意顶头上司的任务优先级，要是上司十次找你要报表，九次你都在整理同事的报销发票，那么这工作基本就凉凉了。

他不关心你给多少人带了咖啡，替多少人审核了材料，替另一个上司分担了多少忧虑。

他只知道他找你的时候你不在。

认清楚自己的定位，**把自己手头的工作按照重要到次要理一个顺序**，优先做自己分内的事，才会在职场站稳脚跟。

遇到问题，
多**思考**几种不同的解决方案

What You Should Have Understood Earlier In Life

只有工作上的翻船经历才能让年轻人知道备份的重要性，否则他们很有可能认识不到这样一个事实：U 盘居然是会坏的。

备份思维在工作中的重要性无须赘言，因为你永远无法预测哪个环节会出意外。多份解决方案的重要意义不仅仅是备份，从某种程度上是为了帮自己减少工作量。

道理很简单，如果你问女朋友中午想吃什么，她可能回答你随便。然后你问想吃火锅吗？她回答不想。烤肉呢？不想。面条？不想。最后你累死累活但仍然选不出你们的目的地。

　　老板跟女朋友一样，你的每一条单独的方案在老板看来可能都不那么尽善尽美。

　　但如果你一次提交三份方案，老板会下意识地将这三份进行横向对比，建立一个实际的评价体系，选出其中最好的方案，再进行细微地调整，不会让你全部推翻重做。

切忌存走捷径之心

What You Should Have Understood Earlier In Life

懒是写在人类基因里的，是生产力的直接来源，谁也不会无缘无故多费很多劲。比如修路，一定是综合考虑之后能修成的最短的路，如果有一条小路比修好的大路还要方便，那就要小心小路可能会有风险。

常走小路登山，虽然路程看起来短了不少，但实际上非常陡峭，走起来像是攀岩，花的时间并不会比走大路少。

　　生活中的好多捷径也是如此，如果它真的方便，那么人们一定会把它变成常规，如果它不常规，那么说明大多数人都付不起代价。

　　命运所有的礼物，都已经暗中标好了价格。

面子只是小问题，
成果才是硬道理

What You Should Have Understood Earlier In Life

生活里常常会有一些勇于自黑的人，他们非常放得开，让人觉得很有趣，这类人的人缘常常也很好。

但是这也许是搞反了这件事的因果关系。

不是因为自黑才人缘好，而是心理强大才敢自黑。因为他们清楚别人不会把他们开玩笑的话当真，心理脆弱的人潜意识会很怕自己自黑完听见台下嗤笑——"原来你也知道。"

如果你觉得自己的面子很放不下，这不是个好兆头，暗示你潜意识觉得自己除了面子什么都没有。

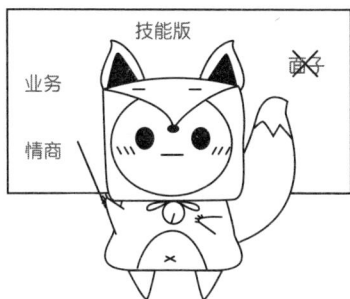

　　面子是办公室技能牌里面最没有用的一张。你越害怕丢脸，就越不敢尝试和锻炼。职场里面子有什么用？只能拿去擦地板。

　　在工作中，心理强大的人不会在意面子，而是更看重"里子"——专业技能和工作成果。

及时**反馈**工作成果
会让你更快地成长

What You Should Have Understood Earlier In Life

有些研究生读研只见过导师两次，开学一次、毕业一次，答辩的时候导师还会翻翻论文问是谁指导的，论文写得还挺好。

自生自灭还能风生水起的大神毕竟是少数，普通人如果失去外力监督恐怕会一头扎进游戏或小说或微博或电视剧的怀抱里，很难高效自觉地学习。

这种情况其实在学校还看不出隐患，进入职场后如果依然保持这种节奏，很容易成为被炮灰。

报告……

　　及时反馈工作进度，可以让领导马上知道这段时间的工作有什么成果和不足，然后有针对性地改进，这样就能形成良性循环，还可以解决工作中的拖延症。

　　良好的习惯养成了，成长自然就快了。

遇到**挑战**，要迎头直上

What You Should Have Understood Earlier In Life

　　2019 年的现象级电影《哪吒之魔童降世》有个给申公豹画毛发的可怜技术员，因为那个镜头反复修改还不能通过，压力太大愤而跳槽。结果刚去新公司报道就发现导演把这个镜头的任务又外包到了他的新公司，他最后只好在新公司完成了这项工作。

　　就这种宿命，谁能顶得住？

　　我们有时候会习惯性地将其他人想得很厉害，别人好像都很有经验；别人学历都好高，一

定都很会学习……然后面对自身，遇到挑战的时候，总会犹豫自己做不做得来。

其实大家都只是凡人而已，没有哪个问题在脑门上写着只准名校的学生解决或者只准老员工解决。机会平等，你需要做的是迎头直上，抓住机会。

解决问题比解释原因更有价值

> 家里热得快炸了怎么办？

> 你开空调呀！

面对酷暑高温，我们不会先从寒武纪生物大爆炸分析到海平面上升和全球变暖才决定拿出空调遥控器；而是反过来，先降降温，再冷静分析这反常的天气。

世界是问题组成的矛盾综合体。

每时每刻我们都可能遇见或大或小的问题，比如汽车熄火，比如打翻咖啡。

　　有些问题亟待解决，没给我们留出先排查原因的时间。就问题的严重性而言，制止当前损失比制止未来损失要来得急迫。

　　解决问题对应的是当前情况的止损，而排查原因是为了防止将来犯同样的错，两者都需要，但在当下面对问题的时候，先解决问题比解释原因来得更有价值。

能做的事情做到最好，
不能做的事情一定要学

What You Should Have Understood Earlier In Life

　　工作之后就会发现，自己只有两件事不会——这也不会，那也不会。

　　想象中的工作总是任务明确，工具、手段都成熟，自己可以游刃有余地解决各种问题，精进自己的专业水平。

　　但实际工作之后就会发现，工作中遇到的问题百分之八十都跟自己的专业没有半毛钱关系，比如打印机卡纸怎么办？如何顺利地拆卸打印机并更换墨盒？以及电脑黑屏打不开应该如何处理？

待学习

放眼周围，同事没有一个人是打印机专业毕业的，大家都是一只手百度一只手维修过来的。**不要用所谓的专业限制自己能做到的事，**实务与理论研究不同，很多时候你只需要知道操作步骤就好了。理论步骤能懂最好，不懂也不影响学习新技能，不要怕没有基础学不会。

切忌为了感情放弃事业

What You Should Have Understood Earlier In Life

你会为了多喝一口可乐放弃一整顿火锅吗？

你会往一整个花园里只种一根狗尾巴草吗？

你会因为有了手机就把电脑电视都砸了吗？

那你为什么要为了感情放弃事业？

感情只占了生活非常小的一部分，万一你不巧还是个新时代白领，干一份特别忙的工作，你会发现你在家的时间远不如上班时间长。那你为什么要为了感情放弃自己生活中的绝大多数可能？

　　万一新的工作不好，可能还会在心里暗暗责怪另一半，最终感情破裂，人财两空。

　　感情付出了不一定就会有回报，但工作一定会给你发工资。

别等全会再做，边做边学

What You Should Have Understood Earlier In Life

想象中的写代码：机械键盘，疯狂敲击，没有 bug（漏洞）。

实际中的写代码：容我百度一下……

想象中的写小说：打开 Word（文档）就是干，什么大纲？什么人设？写就完事了。

实际上的写小说：打开百度，"形容一个人长得漂亮又不俗气有哪些合适的形容词……"

很少有工作岗位是可以在短时间内成功又熟练上手的，要是什么事都等学会再上手，黄花

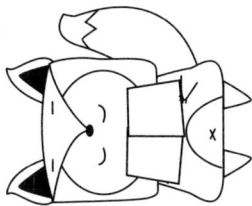

菜都凉了好几拨。

更何况不是所有的问题都是能事前看出来的，你以为都准备好了，在动手工作的时候还是会有新的问题不停地暴露出来。

工作中不会有人包容拖延症，边做边学，一方面是为了项目尽快进行，另一方面这也是一种强迫自己学习的方式。坚持下来，你会发现面对新的挑战，内心也不再像以前那么害怕了，因为你已经掌握了学习的方式。

同样的错误不要犯三次以上

What You Should Have Understood Earlier In Life

　　职场看起来充满温情，但有些时候很像黑森林。它跟学校绝对不同，学校里的老师有无限耐心，用考试、重点、试卷、论文、补考制度敦促你尽量多学些东西。

　　但进入职场，成年人的耐心比你想象中的还要有限。你的机会次数纯粹看你是食肉动物还是食草动物，食肉动物还有几次练习机会，食草动物失败就被别人吃掉了。

　　错误第一次犯也许有人提醒，同样的错误犯到第三次，可能再也没人说什么了，因为这要么是缺乏责任感，要么就是更可怕的问题。

　　你将直接被打上一个"×"。

学习新的技能，
任何时候都不晚

What You Should Have Understood Earlier In Life

　　打游戏的时候，哪怕头都被人锤爆了，也还是会挣扎着把技能都放掉；刮奖一定要刮到"谢谢惠顾"全都露出来才停手……我们可以在生活中的任何地方持有这种坚持的态度，为什么学习的时候不可以？

　　学习技能跟游戏抽卡一样，任何时候都不晚。

　　七十几岁的老大爷还在坚持高考，为什么你就甘心放弃改变人生轨迹的机会？任何"再不XX

就老了"的鼓吹都是毒鸡汤，老不老不看年龄也不看皱纹，只看你是不是再也不敢迈步往前走。

　　有人八十岁还有童心，有人才二十就已经故步自封。想学什么就去学，不管哪个门上都不会写着"XX 岁以上禁止入内"。

不做伸手党

What You Should Have Understood Earlier In Life

推荐 关注 热榜

请问考研都考什么内容？有什么参考书呢？

请善用学校官网招生简章。

请问EXCEL表格怎么合并单元格？

▲赞同 26 ▼   ✈分享   ★收藏

👤善用百度。   ═ 切换为时间排序

推荐 关注 热榜

能替我调一下毕业论文格式吗？

▲赞同 17 ▼   ✈分享   ★收藏

👤听我的，要不你别干了。   ═ 切换为时间排序

信息化时代，百度、谷歌、知乎、微博排着队等你"临幸"，只有你想不到的没有他们答不出的，能通过各种渠道解决的问题就不要专门找人问了吧。

要知道你问一句话可能只花一秒，别人回答起来要花几个小时，表面上对方可能还在礼貌地回答问题，心里可能已经把人拉黑了。

年年都有那种准备考研但是什么都不知道，上来就希望师兄师姐帮忙整理好全套攻略的人。

怎么说呢？要是考上了，是不是还指望导师帮忙想好论文题目并且把参考文献分门别类地打个包？

搜集信息和解决问题都是个人能力的一种，总是做伸手党，要么会被归类为懒人，要么会被认为能力差，无论怎样都不利于个人发展。

提升认知比学技术重要

What You Should Have Understood Earlier In Life

　　认知是一套大脑内置算法，是每个人出生至今所经历的生活环境和自身经历所进化而成的，它是我们行为的内在逻辑。

　　就好比，同样是美图秀秀，为什么有人能修得像是换了个头又十分自然，有的人却只会盲目瘦脸磨皮，浮夸得像是外星人定妆照？

　　看起来是修图技术导致了这种差异，但实际上背后的深层次原因是审美水准的巨大差距，你不能指望一个喜欢荧光红配绿色蕾丝花边的人修

认识

图修出莫兰迪色系。

　　认知在技能学习中起到指导作用，**提高认知层次，才能使技师变成大师**。会用刷子扫指纹的基层刑警很多，但是不是人人都能成为李昌钰级别的神探呢？

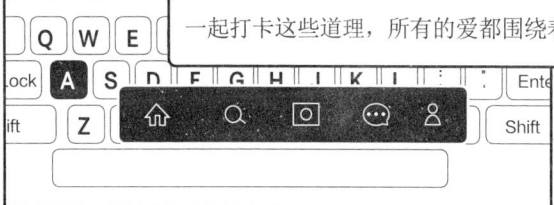

做个**好孩子**，不是**乖孩子**

What You Should Have Understood Earlier In Life

　　小时候我们常常被这样要求："你要乖一点""别人家的小孩都很听话"……

　　我们总是会搞不清楚这样一个事实，"好"和"乖"并不是同一个字。

　　有些孩子在终日"要乖"的教导之下逐渐叛逆；有的小孩则无师自通地学会了趋利避害，表面顺从，暗地里依旧我行我素。一直到长大工作之后，还会保留诸如"手办价格少报两个零""任何家长不让买的东西都是微博抽奖中的"

之类的本领。

做一个合格的木偶并不是对自己人生负责的态度，"听话"也并不是一种美德。以父母为标杆，尽量做得好一些，走得远一些，当得起夸奖，扛得住责任，问心无愧，足矣。

爱是双向经营，不是单向付出

What You Should Have Understood Earlier In Life

"你我本无缘，全靠我花钱"，这是追星，不是爱情。

单方面维系感情的风险是很高的，过了新鲜劲儿，粉丝随时有可能"爬墙"，有的追星党银行卡里的钱还没追的偶像多。

如果只是享受为一个人付出全部的感觉，为什么要找个人谈恋爱，是哥哥不够帅还是姐姐不够美？

不求回报的爱情是不存在的。

表面的不求回报只是情感需求被暂时压抑了，但总有一天会全面爆发。

多数人追求的爱情，都是希望有来有往、互相均衡的，这样才能一方不卑微，另一方不膨胀。一潭死水里面不会有鱼，爱情之水也需要在两人中间来回流动才能保鲜。

亲密关系里，最大的杀手是付出感

What You Should Have Understood Earlier In Life

"我这么做都是为了你好。"

"为了给你买这个，我花了一个月工资，你一定很感动吧？"

"我付出了那么多，你怎么就是不能理解呢？"

"我辞了工作就是为了陪你读书，你怎么还不拼命努力？"

很多人会用一种童话一样的直线思维来理解世界，将付出和回报做硬性转化，其公式比人民币兑换美元的汇率还死板，认为付出多少就一定

要收到多少回报。

　　但是仔细想一下，炒股还会有风险呢，凭什么对人的付出就得连本带利旱涝保收，否则就是"白眼狼"？我们在拿钱进股市之前好歹还会仔细查一查 K 线看看涨跌，对人的时候怎么就不能看看付出对象是不是需要这笔感情投资呢？

　　付出感是亲密关系的最大杀手。感动自己可以，但切忌只感动自己。

不跟**朋友的恋人**走得太近

What You Should Have Understood Earlier In Life

如果你没有撬朋友墙脚的打算，请务必离朋友的恋人远一些。如果不想上《1818 黄金眼》之类的节目，就不用替他们测试恋爱忠诚度了。

不跟朋友的恋人做朋友，避嫌是其中一个原因，还有另一个重要但是常常被忽视的原因：都知道职场站队很重要，你以为生活中就不用站队了吗？如果同时跟一对情侣做朋友，他们吵架找你做评委怎么办？他们小窗口跟你吐槽对方怎么办？更可怕的是，他们回头和好了，怪你两边煽风点火怎么办？

求
生
欲

　　如何经营自己的朋友圈是一门独立学科，对于情侣来说，**保持朋友圈子和恋人圈子独立运转是非常有必要的。**

　　作为一对情侣的朋友，尽量配合对方、保持两个圈子无交集，其实是件利人利己的事。

倾听时的沉默,
要比言语的安慰更能打动人心

What You Should Have Understood Earlier In Life

感冒药只能改善流涕和咳嗽,真正清除病毒的还是免疫 T 细胞、免疫 B 细胞和白细胞,所以吃不吃药,感冒都要一周才能好。

失恋、失业、失去亲人这些悲伤的事跟感冒类似,一切安慰的语言都只能缓解症状,不能治疗伤口,只能等受伤的人自己想通,让时间带走一切。

人类的悲欢并不相通。

我们永远无法对发生在别人身上的事真正感

同身受，因为每个人身上所经历的事、成长的环境、承受的伤痛都并不一样。

共情中有隔阂，抚慰人心的话就会很难真的作用到别人的伤口。所以与其笨拙地安慰，不如沉默倾听，给予对方自我愈合的空间。

苦口婆心的大道理别说太多，点到为止

What You Should Have Understood Earlier In Life

大道理都有两个很明显的特点：一听就是对的；做起来不太容易。

就像"不要熬夜""坚持学习"一样，懂了未必就能做到，做到了未必就能坚持。

即使苦口婆心地做了几个小时的演讲，在听的人看来也和一句话没有什么区别，因为大多数人缺乏的是自控力和执行力。

　　我因此在跟别人讲道理的时候，不用拿出写大作文的劲头来起承转合、详细论证，**稍稍提醒即可**。

　　大家并不是不懂这些大道理，只是很难下定决心去做罢了。

不要在**暴怒**的时候回信息

What You Should Have Understood Earlier In Life

冲动是魔鬼，不止是在疯狂淘宝的时候。

人类的理智就像是一只傲娇的猫，时刻准备离家出走——有人冲动消费，热血上头的时候仿佛什么事都干得出来。

因情绪爆炸造成的灾难现场没有后悔药可吃，口不择言的时候什么伤人说什么，讲的话都淬了毒，逮着对方的痛脚猛踩，仿佛看对方陷入跟自己一样的情绪才能痛快些。

　　但已经划出的伤口无法轻易弥合，等回过神来才知道自己有多过分。

　　怒气上头的时候是没有沟通效率可言的，这时急着回消息不仅不能解决问题，反而还会使局势恶化，不如等等，等自己平静下来再做出回应。

学会**表达**，不要让对方猜

What You Should Have Understood Earlier In Life

　　我们经常会嫌弃淘宝推荐商品的 AI 算法不够智能，明明刚刚才下单买过某件商品，淘宝还接着满屏推荐同类产品；有的时候只是好奇点进了某个商品，后续那个商品却会反复出现在推荐列表里。

　　在猜测别人的心思方面，人类不会比 AI 智能更多，直觉也并不比大数据靠谱。连实时监控你购物行为的淘宝都不能准确押中你到底喜欢西柚色还是番茄色的口红，又怎么能

说出来，
聊下去

指望别人准确命中你
的心中所想呢？

　　好在人类比 AI 多
了语言处理系统，你在
淘宝上只能选择"此商
品不感兴趣"或者"屏蔽关键词"，但面对人类时，
你可以用充分的语言描述你的选择、你的纠结、
你的需要，这种方式多么简洁高效、省心省力。

　　所以，学会表达，不要让别人猜了吧！

不要把别人对自己的好
当作理所当然

What You Should Have Understood Earlier In Life

　　有很多人是被无条件的关爱给宠坏了的，因此他们意识不到很多便利背后高昂的成本。这世界上没有哪种好是理所应当的，父母给子女买房是情分而不是义务，恋人互赠礼物是爱情而不是责任，这些事情发生的根源是有人爱你，而不是某种强制力。

　　年轻人顶着相亲压力，在 996 间隙抽空跟各路妖魔鬼怪斗智斗勇的时候，父母辈也在深

恨为什么房地产行业不搞双十一，美团没有接
小孩放学的业务……

想象一下，当你终于熬完了一生的工作，
还完了房贷，光荣退休，接下来孩子开始问你
可不可以给他买套房，你害不害怕？

珍惜身边还在对你好的人，不要等到失去
了才后悔。

要相信你的直觉

What You Should Have Understood Earlier In Life

有时候深潜在意识层之下的思考过程会替我们做出一些指引，所谓的灵光一现、如有神助其实都有迹可循，我们可以试着相信它。

直觉觉得一个人有问题的时候，一定要慎重与之相处；

直觉觉得一件事有陷阱的时候，就不要盲目冒险；

直觉觉得不应该做的事，就最好不要做。

听上去很不科学，但往往每一次结果都八九不离十。因为直觉是你潜意识的警铃大作，是你的经验给予你的超能力。

直觉甚至比星座和锦鲤都靠谱多了！

跟父母沟通，态度比内容更重要

What You Should Have Understood Earlier In Life

"头疼？手机玩太久了吧。"

"没对象？有时间玩手机你怎么就没时间找对象。"

交流中很多父母会单方面关闭信号接收器，屏蔽掉所有长于两个字的信息，尤其是孩子辩解和讲道理的部分。

这并不是因为父母不信任我们，而是因为不管我们长到多大，他们总是会下意识地把我们当作孩子看待，因此很难平等地进行交流。

但沟通结果并不影响我们的执行情况，比如

穿父母不喜欢的花衬衫，跳槽去不太稳定但是工资比较高的公司……能讲通自然好，讲不通就悄悄执行。只要能承担起自己选择的结果，出问题不求着父母收拾残局，可以自己掌控自己的人生就行了。

　　和父母沟通的目的不是追求他们的理解，而是经营亲密关系，良好的态度比正确与否更加重要。

感情中最重要的是感受，
而不是讲道理

What You Should Have Understood Earlier In Life

有些人总是试图在感情里讲道理，这就很不讲道理，就像非要用面条包饺子一样，因为感情本身就不是能够解释清楚的事情，它既无法定性又无法定量。

你不可能给"嫉妒"做酸碱滴定，然后告诉别人你有 3 mol/L 的嫉妒；你也不能把论文没过的"悲伤"再写一份数据分析表……那你怎么

能够在感情里面讲道理呢？

感情中最重要的是感受本身，与谁相处比较幸福，发生什么事会引发情绪崩溃，这才是感情生活中的主要矛盾。

越想跟对方亲密无间，
反而越要建立个人边界

What You Should Have Understood Earlier In Life

提高种植物产量的关键不在于往一个土坑里倒更多的种子。想象中以为每粒种子都会发芽，郁郁葱葱长成一片"地毯"，但实际上植株距离过近会让这群可怜的种子长得太挤，一个个没活到开花就"英年早逝"，白浪费了一堆种子。

人和植物是一样的，紧紧贴在一起，只会互相挤占生长空间，资源倾轧，最终走向决裂。

　　要学会给自己建立起边界和底线，即便是情侣也不能紧紧捆绑在一起，只有这样，人际关系才能健康长久。

　　不要将边界当成隔阂，它更多的是心理上的一道防线，让你知道有哪些是自己必须背负的责任，哪些话不能一股脑儿地对 TA 说，学会给彼此留下自由呼吸的空间。

陪伴是维系一段感情的决定性因素

What You Should Have Understood Earlier In Life

　　为什么很多异地恋坚持了好几年最后还是分手了？为什么为了给对方更好的生活而在外奋力打拼，对方却不领情？为什么缺少陪伴的孩子一辈子都会缺爱？

　　缺乏陪伴带来的感情塌方是全方位的。

　　陪伴缺位跟两人之间的物理距离没有关系，即使每天都从同一张床上醒过来，双方都睁着惺忪的睡眼在同一个水槽里洗脸，可能有的也不能

称得上是互相陪伴。

陪伴最重要的是，同时付出时间和爱。

即使忙到地球要爆炸宇宙要重启，也请留一段时间给自己亲近的人，一天二十四小时，总会有几分钟时间把爱人往心里放一会儿的吧。

能说出来的就不要冷战，
能吵一架的就不要提分手

What You Should Have Understood Earlier In Life

　　或许每个人身边都有这样一对情侣，平均三天就闹一次分手，吵起来地动山摇，过一会儿就莫名其妙恢复如常，吃瓜群众又得捏着鼻子吃狗粮。

　　但偏偏这种情侣都是最持久的，深究其原因，可能是有气当场就撒了，结不成隔夜仇。其实哪有那么多没有摩擦的神仙爱情，只不过是不够爱所以不在乎罢了。

　　有些情侣吵架，要么冷战要么就要直接分手，

这样其实很不好，因为这样做最后并不能解决问题，而是以自己为筹码胁迫对方妥协。在双方都足够爱的情况下这招当然是管用的，但情分消磨完之后呢？

所以，情侣之间吵架好过自己闷在心里瞎琢磨，但不想分手的时候千万不要说气话。

不要试图说服父母，
最好的做法是求同"藏"异

What You Should Have Understood Earlier In Life

这年头，还有谁不会在父母问手办价格的时候主动少报几个零呢？一切不方便自己买的东西都是朋友送的或者抽奖中的。

父母想关心你的生活时，不回答会让他们伤心，但有的真实情况又是他们不能理解的，想避免矛盾，就要有技巧地保留不能说的事。

比如被问"找对象了吗？"回答"找了"就足够了。

"工作怎么样？"

"还可以，有五险一金。"——就是老板想让我们多学习一下，坚决贯彻 996 工作制。

"工作稳定吗？"

"稳定。"——稳定地两星期换一次。

"准备要孩子吗？"

"准备。"——自己还是个孩子呢。

掌握这种求同藏异的高效沟通大法，可以**解决百分之八十的家庭矛盾**。另百分之二十是你小时候修改试卷都解决不了的顽固问题，该挨的打总是要挨的，就随它去吧。

尽量做到有效关心

What You Should Have Understood Earlier In Life

直男三连："吃了吗？""早点休息。""多喝热水。"

拒绝三连："在减肥。""去洗澡。""呵呵。"

有很多时候我们对他人的关心都是"礼貌性关心"。感觉对方失恋、感冒、肚子疼，不问一下的话显得有些冷漠，真提建议又不知道讲什么，只好尴尬地套用模板，"多休息，多喝热水。"无论对方出了什么问题都不会出错。

但实际上无效关心很容易让听话的人烦躁，

比如请完病假收到成打"多喝热水"式的问候，
还得一只手上扎着输液针，另一只手艰难地打字
回复"谢谢关心"，病好之后还得礼貌性报备，
非常损耗内心热情。

　　形式主义要不得，要关心就尽量走心，不
然留人家一个人静静也是极好的。

距离产生美，但不要太远

What You Should Have Understood Earlier In Life

恋爱中有一句不能轻易出口的话——"要不我们都冷静一下吧？"

按照这句话执行，两天之后冷静下来神清气爽的两人恐怕会发现，静是静了，恐怕感情也跟着冷了。

距离产生美的前提是蒙蒙眈眈、犹抱琵琶半遮面的情趣，不太近又不太远，心心念念又求而不得。要是离得太远直接被忘了，就是翻车现场。

保持距离是放风筝，不是发射卫星。要是加

大马力按火箭发射的速度跟人保持距离，就别谈恋爱了，好好保持单身吧。

异地恋的时候千万记得经常刷刷自己的存在感，不要太胆大，距离太远松手就拽不回来了。

任何感情都需要经营

What You Should Have Understood Earlier In Life

你能说出几个高中同学的名字？

几个初中同学的名字？

小学呢？

尤其是初中、高中、大学和工作都分别在不同城市的人，朋友和同学都是三年换一茬。刚毕业还保持热情常常联系，最多两个月之后群也冷了，对话框也沉到看不到的地方去了。最后仅仅变成朋友圈里的点赞之交，甚至疑心对方把自己忘了，但连问问近况都不敢。

扪心自问为什么你没朋友了？追星、打游戏

还得"哐哐"砸钱呢，
又不跟人说话，又没
有礼物和问候，靠脑
电波交流？跟人对过电台频率吗？

　　感情是需要经营的，像是描补淡去的墨痕，
不做出这种努力，我们很快就会从别人的世界里
褪色，直到最后一丝痕迹都没有。

谈恋爱可以"作"，
但要点到为止

What You Should Have Understood Earlier In Life

有些蘑菇可以吃，但是只能吃一次。

谈恋爱可以作，但有些事只能作一次。

这就像是玩橡皮筋，可以没事抻一抻，没准弹性还更好一些，但是总有人不控制力道，一把就给皮筋抻折了。

有创意的"作"会增加恋爱的新鲜感和愉悦感，就像是游戏里的难度设置一样，里面的敌方实力总是会和玩家势均力敌，不让你赢得太轻松，

也不让你被打得一败涂地。要是上来就把玩家打得满地找牙，游戏在内测阶段估计就凉凉了。

谈恋爱也要讲究基本法，稍微意思意思就得了，别一个劲儿地作天作地，那迟早会让爱你的人耐心耗光的。

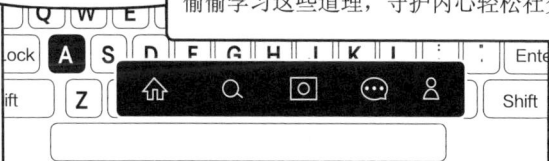

如果发现自己被人讨厌的话，
就把「发现自己被人讨厌」这件事忘记

What You Should Have Understood Earlier In Life

这年头连熊猫都有黑粉了！！！

在这种宇宙萌物面前还有人能分出精力来找碴挑刺，绝对是干大事的人。

祖国人口十四亿，世界人口七十亿，从里面挑出来个把不喜欢自己的人不是很正常的吗？往好处想想，讨厌你的人绝对没有讨厌五仁月饼的人多，甜粽子和咸粽子的黑粉每年也都各自为阵，撕

出一片新天地。

　　侧面想一下，有黑粉才证明自己红啊，不关注你怎么黑你。

　　所以，忘了他们吧，有这时间不如干点别的。

避免不必要的社交

"你知道那个谁吗？太孤僻了，班级活动都不参加……"

"一起打游戏吗？什么？天哪这年头还有不玩游戏的人？"

对这些话里话外明示暗示你"合群""有眼色"的人，建议不要搭理。

"合群"的成本其实很高，需要花时间跟上话题，放弃一些与众不同的爱好，使自己跟别人的时间同步。但"合群"的回报率又很低，通常表现为数量庞大但质量难说的"朋友们"。

物以类聚，人以群分。

正是因为"志同道合"才算作人生的朋友。既然兴趣不同，又何必勉强非要交朋友。

合理规划自己的社交需求，排除低质量的社交，做自己想做的事，与令你舒适并真心待你的人交朋友。

有些话不知道该不该说的时候，就别说

What You Should Have Understood Earlier In Life

成年人的世界已经很难了，就不要往别人伤口上撒盐了。

既然一句话说出口之前能让你产生迟疑，那说明这句话必然有不妥的地方，无论用怎样的辞藻包装，里面的利刃还是会伤到别人。

而且对方未必什么都不知道，需要你的提醒，在一般的生活场景之下，多数情况当事人

□仅一人可见

心里完全有数，不需要别人多讲。

下次有人跟你说"有一句话不知当讲不当讲……"的时候，你也可以回他"不当讲"。

多顾及别人的感受，
少在意别人的看法

What You Should Have Understood Earlier In Life

　　有些学霸总是喜欢跟学渣讲自己考砸了；有些美女总是喜欢说最近皮肤不好又长了好几个痘，有些有钱人总喜欢说手头拮据……

　　这种人确实不太招人喜欢，但偏偏哪里都有他们，这些行为不一定是故意的，但通常是因为当事人比较自我，很少体会别人的心情。

　　这受限于他们的认知、教育水平和过往经历等因素，不必太放在心上，否则浪费自己的时间，

还要被影响心情。

人际交往里，我们要小心别踩人家的雷区，温柔呵护社交环境，尽量不做一个惹人讨厌的人。在自己的领地也不需要别人横加干涉，按照自己的规划和方向前进就好。

不要占别人的小便宜，
不要在意别人占你的小便宜

What You Should Have Understood Earlier In Life

我们常常会有这样的感觉，钱包仿佛连接了某个异次元空间，自己辛辛苦苦挣来的钞票被某种神秘力量吸收掉，取而代之的是一大堆鸡肋的东西。

谁能想到，花钱的初衷其实是为了省钱呢？

多年以来的购物经验告诉我们，不要一看见满一百减九十九的大额优惠就热血上头，那东西本来就只值一块钱。

　　生活中的很多小便宜比大额优惠券要来得隐蔽，让人怀揣着占便宜的心，不知不觉吃更大的亏。

　　在交往中，不占别人便宜能让人少走很多弯路。另外一件，为了降低交往成本，也不要试图跟占你便宜的人计较，你的时间和精力很珍贵，花一些小的代价看清楚一个人的人品是很划算的。

人有很多不同的**想法**，
不要尝试着去改变别人

What You Should Have Understood Earlier In Life

　　如果你不能理解人的多样性，可以打开微博、B站、知乎……在一切流量还行的社交网站，你会发现哪里都是战场，随时可以看见有人在厮杀，月饼馅应该是甜的还是咸的都能引发网民大战。

　　多参加几次这样的"互动活动"，你就会对人类想法的多样性有充分的认识。

　　有人连接的是电台讯号，有人是新闻频道，有人是少儿频道，聊起天来总是鸡同鸭讲，连微

笑的表情都不是同一个意思。

遇到聊不通的人不必太执着，毕竟中央十套从来不放《海绵宝宝》是不是？

这个世界都能同时容纳那么多不同的声音，你咋不行呢。喝罐冰可乐平静一下心情，然后算了吧。

对玩笑，要承受得起却不乱开

What You Should Have Understood Earlier In Life

玩笑可以用来调剂陌生人之间的聊天气氛，可以消弭许久不见的老友之间的隔阂，还可以测试出人群中谁才是能同步接你的梗的人。

但是它的缺点也很明显，梗掉地上的尴尬还在其次，最麻烦的是有人会分不清"恶作剧"和"玩笑"的边界，总是在两者的边缘疯狂试探。

为了保持社交安全，请在开玩笑之前认真、反复评估，确定不会让人不舒服之后再开口。

　　同时把自己的阈值调高，原谅一些没有恶意，只是限于发起者智商而显得有点傻的玩笑，要理解这个世界上人们的智商和情商水平总是参差不齐的。

不要对别人的生活指手画脚

What You Should Have Understood Earlier In Life

经常会有人忽然冲到别人的社交主页底下指手画脚，"你这是什么眼光居然喜欢 XX""恕我直言你发的内容真的很无趣""你应该 XXXX 才对"……相信多数人的反应不会是"谢谢您教我使用微博"，而是"这是哪里自动抬杠的 ETC 努力修炼终于成了精"。

在线下生活中，社交距离感也是不容忽视的，懂得分寸才能让双方都感到舒适。

讨厌别人对自己的生活指手画脚是一种本能，推己及人，不干涉别人的生活方式是保持良好社交关系的一剂良药。

切莫交浅言深

喜欢交朋友，喜欢与人聊天，喜欢和人分享自己的生活，都是很好的生活方式。

当你与不太熟悉的朋友相处时，你可以尽情聊自己的兴趣爱好、现在追的剧、最喜欢的明星、喜欢的穿衣风格等等，这些都没有问题；但尽量不要在谈话中加入太多自己的三观、家庭背景和个人隐私，因为有些观点别人不一定认同，而你的秘密，别人也不一定会替你保守。

　　虽然我们没必要用凶狠的牙齿和爪子对付这个世界，但也要学会保护自己柔软的肚皮。没必要主动给别人伤害自己的机会。

取悦不熟悉的人，
不如对已经拥有的人尽力好

What You Should Have Understood Earlier In Life

我们总是愿意去取悦不熟悉的人，因为不了解，所以带着好奇心和吸引力，而对于已经拥有的人，神秘感不存在了，耐心也就一起消失了。

好比有些人在外面什么样的人都能包容，跟人吵架还记得用敬语，一回到家耐心立刻消失，地上有一粒灰都能引发家庭大战；有些人在外独立自主无所不能，仿佛一挽袖子就能拯救世界，回到家就立刻退化成了一棵绿萝，哪怕孩子狂哭、家务积压、灯泡坏了……都不能

让他们动一根手指头。

其实认真想想，就能想明白。你花精力去取悦的人并不能对你好，而你横眉相对的人却时时刻刻在关心你，应该对谁更好还用说吗？

记得对身边的人好一些。

你永远叫不醒一个装睡的人

What You Should Have Understood Earlier In Life

"我不胖，我只是毛茸茸的。"

分析别人行为的时候我们很容易做到冷静客观，但轮到自己犯错就开始想不通，看不见就假装不存在，别人提醒还要生闷气。

有些人尤其过分，别人顶多就是捂一下耳朵，他们不仅要捂耳朵，还要塞上降噪耳塞，顺便连眼罩也戴上了。

就比如外国某些媒体报道中国的阅兵，复制粘贴一样的漂亮正步是不会提的，他们只会报道

阅兵最后的花车庆典，让人以为中国的阅兵就只有花里胡哨的彩车。

对于捂着耳朵不看不听的人，你是无法突破他们的防御的，因此也不用特别较劲儿。

用你希望别人对待你的**方式**
去对待别人

What You Should Have Understood Earlier In Life

这些年委屈自己下凡的小仙女和小仙男越来越多了，做家务是不可能做家务的，这么粗俗的事怎么能劳动他们的小手呢？

买东西肯定要最贵的，不然配不上他们尊贵体面的身份，他们在网上询问"大学生一个月要四千块的生活费过分吗？"却从来注意不到家长的工资一个月有没有四千；他们嫌弃自己的生活不够精致，却从来不肯付出什么努力——这种人，什么年龄段都有。

一边疯狂输出负面情绪，一边吐槽网上戾气太重；一边吐槽别人没有素质，一边在地铁上吃东西；一边要求别人，一边放纵自己。

双重标准无处不在，让人恨不能敲敲他们的脑袋，看看里面到底进了多少水。

自己做不到的事，也不要拿去要求别人。想要满大街行走的都是圣人，只剩下自己一个凡人，这怎么可能呢？

用**钱**可以解决的事，
最好不要求人

What You Should Have Understood Earlier In Life

> 在吗？帮忙做个图标？

> 在吗？文案帮我搞一下好吗？

> 在吗？会不会修电脑？

> 不在，不会，不知道。

　　每个人都过得不容易，就不要互相往对方的肩头增加重量了，尤其是还不给钱。别人凭什么帮你做。

即使没有时间和压力上的纠纷，找人帮忙依然不如花钱解决问题来得自在。

银货两讫是世界上最简单明了的关系了，你作为甲方，不用担心提了要求对方不赞同，也不用担心你让人改了好几个版本之后又想选第一版怎么办。

该谈钱就谈钱，不用因为认识对方而不好意思开口，将来出问题打消费者协会电话也没有任何心理负担。清清爽爽，干脆利落。

友谊也可以更加天长地久。

付出都是希望得到回报的，
哪怕是语言上的

What You Should Have Understood Earlier In Life

一付出就想马上有回报，看不到回报就想放弃，这种处世态度非常常见。

其实生活里的每个人都不例外，只是大家要的回报不一样，有些人需求的是物质回报，有些人需求是的精神上的回报。

即使是父母，为孩子付出了，也是想要子女感情上的回报的。

但这并不代表那些付出的感情是不纯粹的。

彩虹屁冲击波

我们为所爱的人付出都是发自内心的，但如果得不到一丁点回应也会难过和沮丧。

推己及人，生活中遇到有人愿意为你付出，即使无法在物质上给予回馈，也请大方地吹爆彩虹屁表示感谢吧。

尴尬的时候保持微笑

What You Should Have Understood Earlier In Life

现在，商业假笑几乎成为了社交礼仪重要的一部分，凭借这个技巧，乙方可以掩盖对甲方的无奈，即使大家都尴尬到说不出话，场面看起来还能挺和谐。

这个道理无须多讲，大家几乎都是无师自通的，最大的练习场地就是过年见亲戚的时候——叫不上名，催婚催孕，问成绩问对象问工资……

答不上来就微笑应对，三天速成服务业八颗牙标准微笑，真情实感不掺水。

不知道说什么？微笑就完事了。

距离产生美，至少可以减少摩擦

为什么照镜子的时候会觉得比自拍好看？因为有距离，视力稍微差点就会产生一键美颜的效果。

生活中人与人之间保持着至少二十厘米的安全距离，效果跟早上隔着洗手池看镜子里的自己差不多。

社交跟照镜子一样，要有距离感，不然就会暴露仙女也会卡粉脱妆的事实，人人都是凡人，离得近了难免会起摩擦——温柔的小姐姐居

然会爆粗口；大方请人喝奶茶的上司居然跟买菜的小贩讨价还价；活泼爱社交的小妹妹竟然会社恐……

维持距离让大家都有安全感，人性中的小缺陷跟瓷器上的小缝隙一样，看不见就可以假装不存在。即使这个距离也没让你觉得什么东西变美，那至少可以保证不会发生正面冲突。

你说什么样的话，
就会变成什么样的人

What You Should Have Understood Earlier In Life

"丧"是会上瘾的。

一开始只是间歇性地自我怀疑"我是不是不行？"慢慢演变成"我好像什么都做不好"，再后来会不自觉地将生活中所有的磕磕碰碰都归因于"能力不足"，在别人提要求的时候下意识回答"我不行，我做不到"。

谎话说一千遍就成了真话，丧气话也是如此。一开始或许只是想谦虚一些，降低别人的期待值，万一事情砸了能有退路——"我早说了我做不成的"。

但这样的退路留出来是没有意义的，搞砸了事情所造成的后果真的会因为一句话而减轻吗？

老是给自己立"不行"的人设，最后就会错失很多机会。整天唉声叹气，什么好事都会离你远去。

正确评估自己的能力，给自己正向暗示，你会向着积极的方向努力生长。

不在人后说**坏话**，
即使是私有空间

What You Should Have Understood Earlier In Life

不在背后说人坏话，是对自己的善意。

人与人之间的关系和距离瞬息万变，一般一个聊天群背后都能分裂出十个小群，你在背后说的坏话难免会被对方知道，保险起见，自然是不要说。

即使你能百分百确定讲的坏话不会被对方知道，也最好不要说。因为当你给某个人下了定义之后，就会不停找机会佐证自己的判断，以此证明自己的正确性。渐渐的，视野不由自主地缩小，

直到最后只看见自己想要看见的东西。

　　还有最重要的一点，如果你在背后说人坏话，听的人潜意识里也会渐渐把你和这些坏话重合，**你＝坏话＝负面印象**。

　　所以尽量在背后吹彩虹屁吧，这会让你也变得闪闪发光。

不要拿别人的隐私当作谈资

What You Should Have Understood Earlier In Life

　　当朋友把秘密告诉你，是对你的信任，而你把朋友的秘密与其他人分享，就是践踏这份信任。

　　如果这些隐私是你从别人那儿听来的，就更加不要将之拿来做谈资了，即使大家都很热爱八卦，但是喜欢打探和谈论人隐私的人，天然会给人带去不好的感受，即使对方与你一起八卦得很开心，但这种不好的感受会一直存在。就好比某

一天你想起那个和你一起谈论别人隐私的人，会不自觉给他打上"八卦、不靠谱"的标签。

希望我们都不要成为这样讨厌的人，也遇不到这样背后谈论我们隐私的人。

和不同的人交往要求同存异

What You Should Have Understood Earlier In Life

"为什么要给 XX 点赞，你不知道他的黑历史吗？可恶心了……"

"为什么要买 XX 衣服，他们家很早以前卖过山寨货。"

"XX 和 XX 玩那么好，肯定都不是什么好人。"

……

会说这种话的人，你就很难跟他讲清楚，点赞只是对某条内容感兴趣而已，关注也不代表认同某人的全部价值观，买衣服的时候只看了评价

还行，并没有对服装店老板进行审查的必要……靠社交圈分好人和坏人，那还不如靠面相。

世界上有这么多种人，按星座还得分十二份呢，怎么能要求所有人的想法都如出一辙？

扪心自问，自己的价值观就没有个打结的时候吗？要是按照思维雷同程度交朋友，恐怕就没朋友了。

世界多彩，要学会容忍差异。

永远不要考验人性，
但是要对人性充满信心

What You Should Have Understood Earlier In Life

　　情侣之间、亲人之间、朋友之间的考验，都是以透支信任和感情为代价的。你以为你在设局考验别人，其实你考验的还有你自己；你以为自己站在道德制高点上审判他人，其实你一样是被审判的那一个。

　　想要考验别人，先想清楚自己能不能付得起这场考验背后的代价。尤其设置极端的场景去考验他人，使他人深陷于左右为难的境地之中，拿别人的软肋作为自己的筹码，这是相当不道德的，

即使最后被考验者通过了你的测试，一旦某天他知道了真相，对他也是极大的伤害。

我们一生中会遇到很多大大小小的考验，只希望这些考验我们可以和在乎的人一起跨过去，而不是还没开始闯关，就先放个大招双方同归于尽了。

图书在版编目（CIP）数据

应该早早明白的道理 ∕ 嗨迪 编著.
—武汉：长江出版社，2019.11
ISBN 978-7-5492-6793-4

Ⅰ.①应… Ⅱ.①嗨… Ⅲ.①人生哲学—通俗读物 Ⅳ.
①B821-49

中国版本图书馆CIP数据核字（2019）第259273号

应该早早明白的道理 ∕ 嗨迪 编著

出　　　版	长江出版社			
	（武汉市解放大道1863号　邮政编码：430010）			
选题策划	漫娱　胡丽云			
市场发行	长江出版社发行部			
网　　　址	http://www.cjpress.com.cn			
责任编辑	陈　辉　罗紫晨			
特约编辑	陈雪瑛　申靖尧			
总 编 辑	熊　嵩			
执行总编	罗晓琴	开　本	787mm×1092mm　特规 1／32	
装帧设计	徐昱冉	印　张	7	
印　　　刷	湖北新华印务有限公司	字　数	112千字	
版　　　次	2019年11月第1版	书　号	ISBN 978-7-5492-6793-4	
印　　　次	2019年11月第1次印刷	定　价	25.00元	